런런 옥스퍼드 수학

KB130601

4권

곱셈과 나눗셈의 기초

안녕! 난 하브야.

차 례

 쓰기

 수 세기

 그리기

 놀이하기

 동그라미 하기

 색칠하기

 선 잇기

 스티커 붙이기

두 배 만들기

 같은 수만큼 점을 그려서 무당벌레 점의 수를 두 배로 만드세요.

무당벌레 등에 점이 2개, 옆에 점 2개를 더 그리면 모두 4개야. 2의 두 배는 4야.

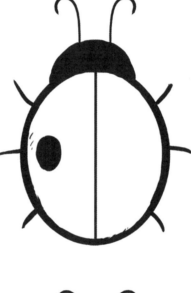

두 배를 만든다는 것은 똑같은 수를 2번 더한다는 뜻이야.

새의 수를 세어 보세요.

 두 배의 수를 ☐ 안에 쓰세요.

 거울이 있다면 선 위에 놓고
새가 보이도록 기울여 봐.
새는 모두 몇 마리일까?
4의 두 배는 8이야.

 8

잘했어!

칭찬 스티커를
붙이세요.

문제를 다 푼 다음, 32쪽으로!

도미노 점의 전체 수가 한 칸에 있는 점의 수의
두 배가 되는 것을 모두 찾아 ◯표 하세요.

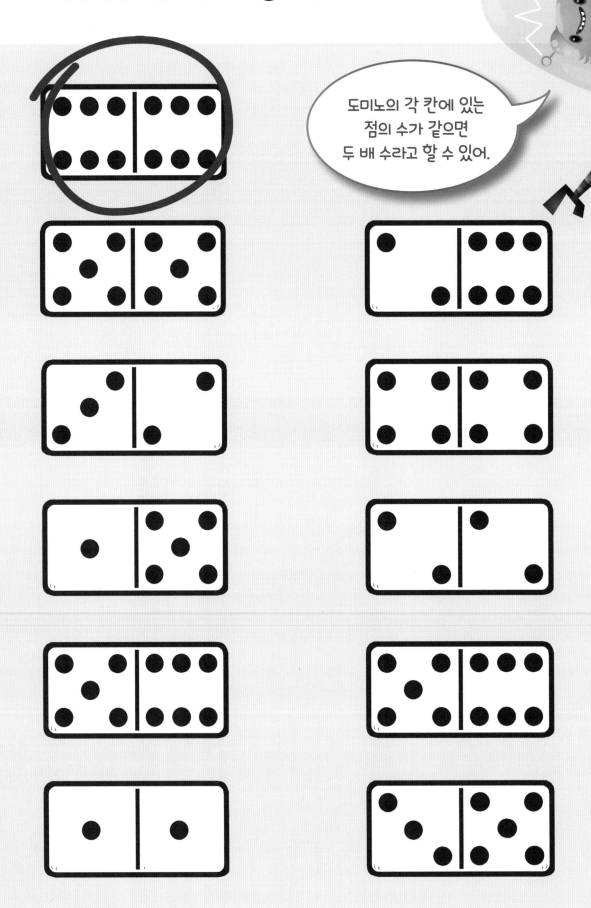

도미노의 각 칸에 있는
점의 수가 같으면
두 배 수라고 할 수 있어.

같은 수만큼 벽돌을 그리고, 처음 벽돌 수의 두 배가 되는 수를 ◯ 안에 쓰세요.

벽돌 3개의 두 배는 6개야.

 6

 ◯

 ◯

 ◯

 ◯

 잘했어!

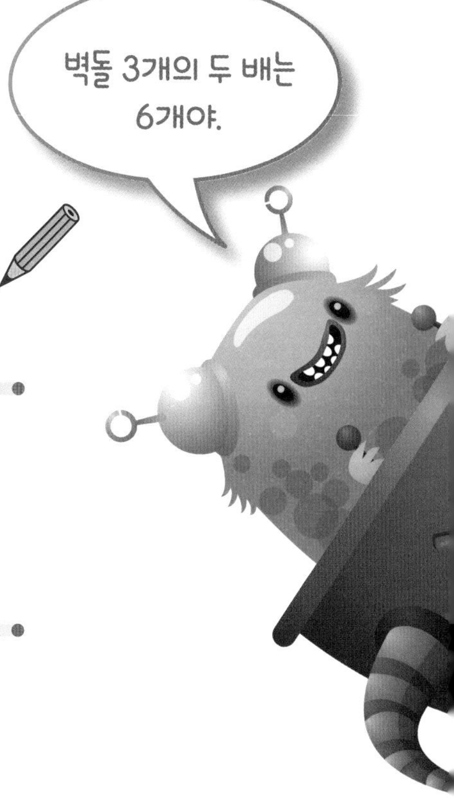

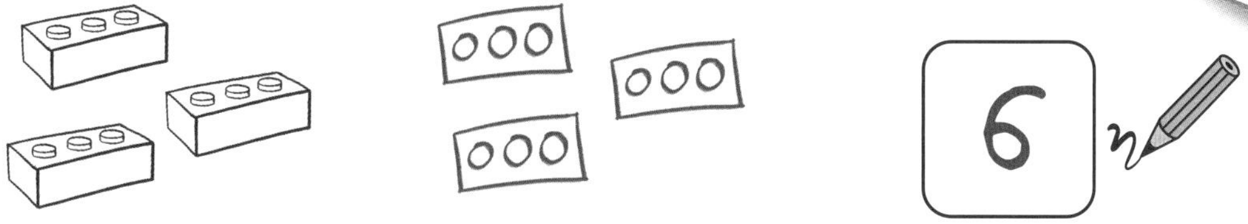

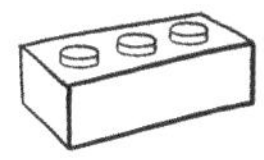

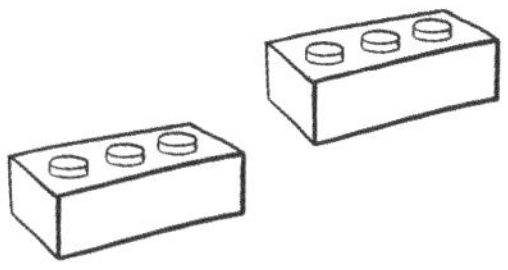

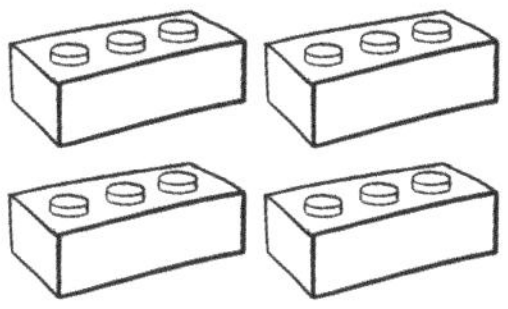

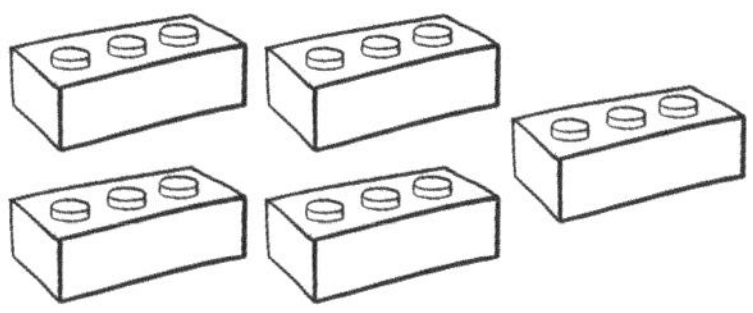

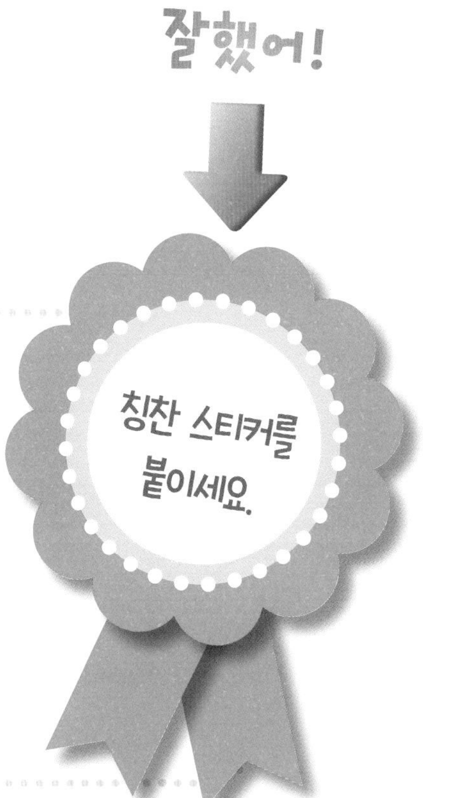

 ## 두 배 만들기 놀이

부모님과 함께 손가락으로 두 배 만들기 놀이를 해요.
부모님이 한 손의 손가락을 펴면, 그 수만큼 나도 손가락을 펴서
두 배가 되는 수가 무엇인지 말해 보는 거예요.

식탁에 숟가락을 놓으면서 두 배 만들기 놀이를 해요.
식탁 한쪽에 숟가락을 놓고 수를 세어 보세요.
반대쪽에 같은 수만큼 숟가락을 놓고, 두 배가 되는 수를 말해 보세요.

 칭찬 스티커를 붙이세요.

문제를 다 푼 다음, 32쪽으로!

애벌레의 다리 수를 세어 보세요.

 애벌레의 다리를 하나씩 더 그리고, 처음 애벌레 다리 수의 두 배가 되는 수를 ☐ 안에 쓰세요.

애벌레 다리는 4개,
다리 4개를 더 그려 봐.
다리 수는 모두 8개,
4의 두 배야.

8

6

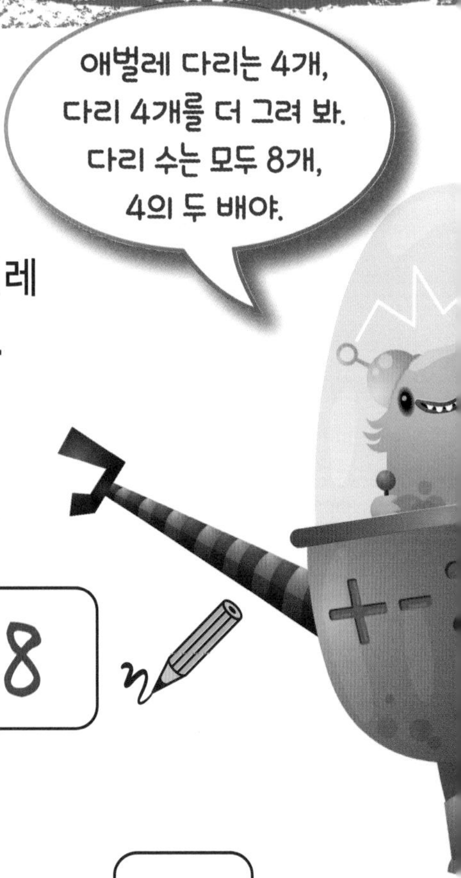

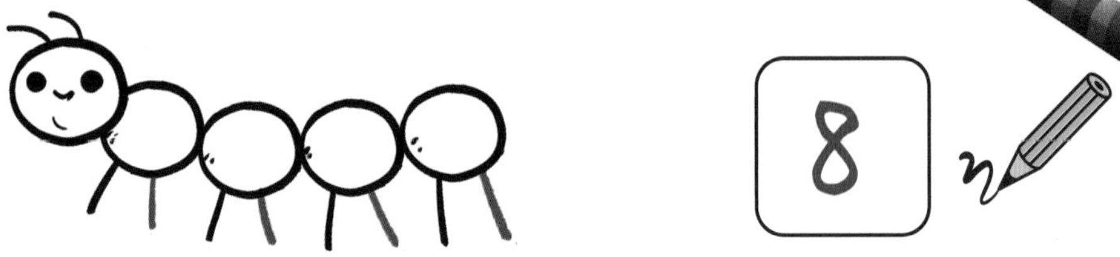

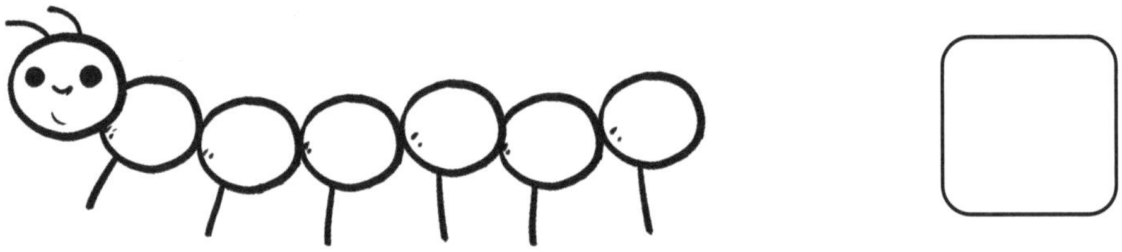

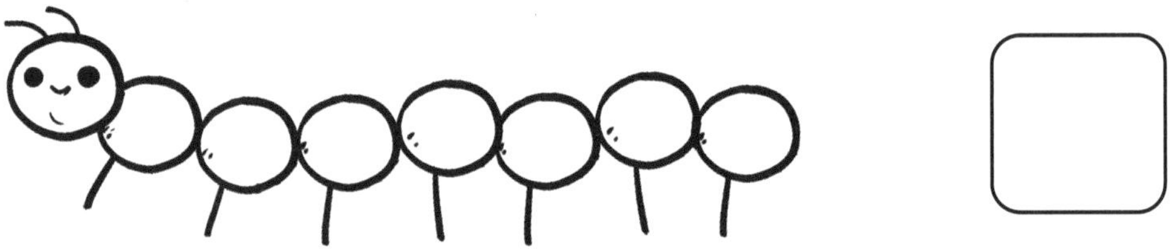

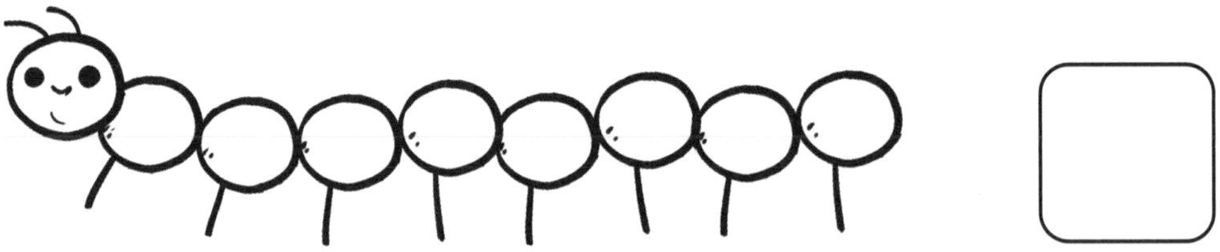

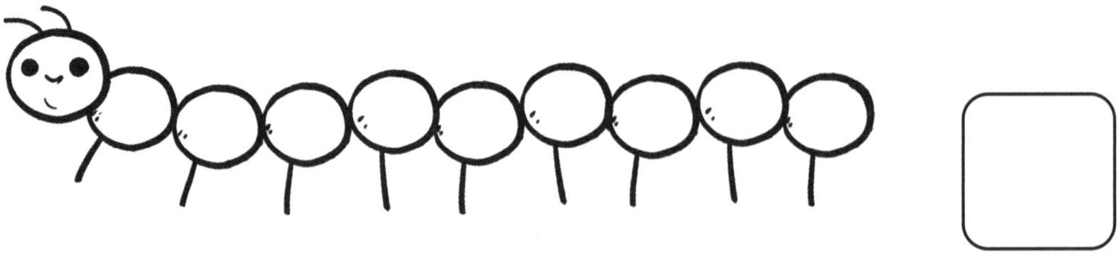

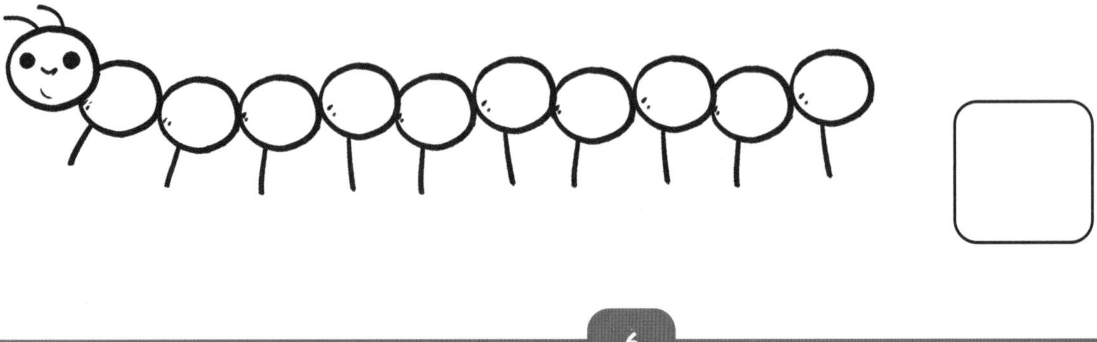

수직선에서 두 배의 수 찾기

주사위 점의 수를 세어 보고, 수직선에서 두 배가 되는 수를 찾아 ☐ 안에 쓰세요.

주사위 점의 수가 3. 3에서 3칸을 더 가면 3의 두 배가 되는 수를 찾을 수 있어.

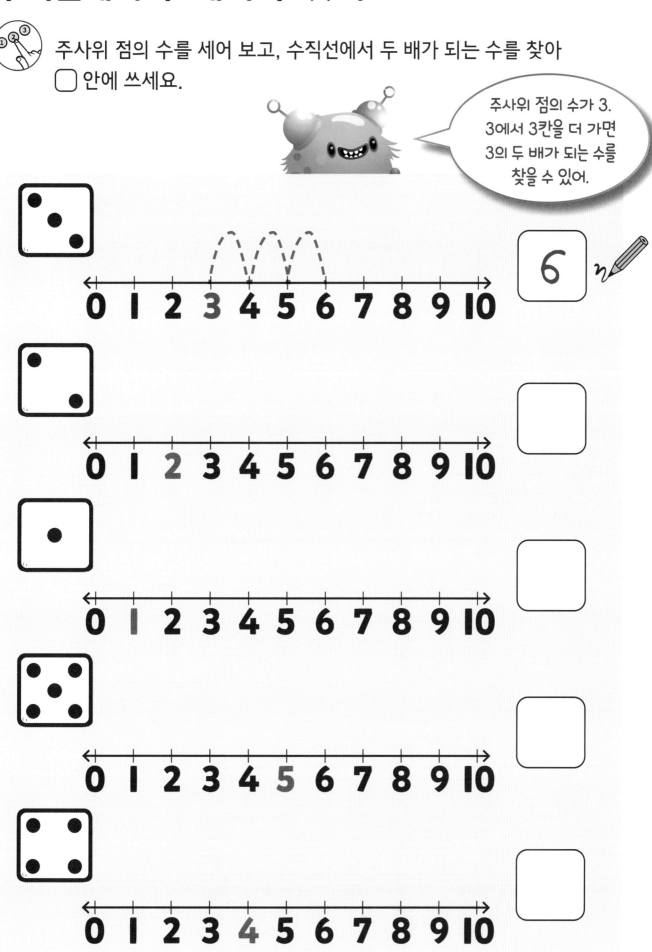

문제를 다 푼 다음, 32쪽으로!

빨래집게의 수를 세어 보고, 수직선에서 두 배가 되는 수를 찾아 ▢ 안에 쓰세요.

빨래집게의 수가 6.
6에서 6칸을 더 가면
7, 8, 9, 10, 11, 12.
6의 두 배가 되는 수는 12야.

← 0 1 2 3 4 5 6 7 8 9 10 11 12 13 14 15 16 17 18 →

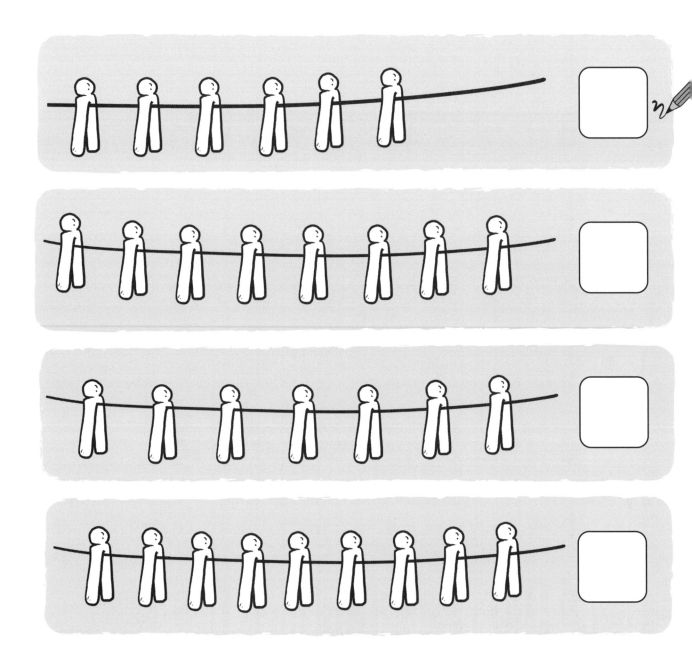

두 배가 되는 수 찾기

 수를 세어 보고, 두 배가 되는 수를 찾아 선으로 이으세요.

12

18

4

14

6

10

두 배가 되는 수를 찾기 어려우면 수직선을 이용해 봐. 5의 두 배는 5에서 5칸을 더 가면 돼. 6, 7, 8, 9, 10. 잘할 수 있지?

칭찬 스티커를 붙이세요.

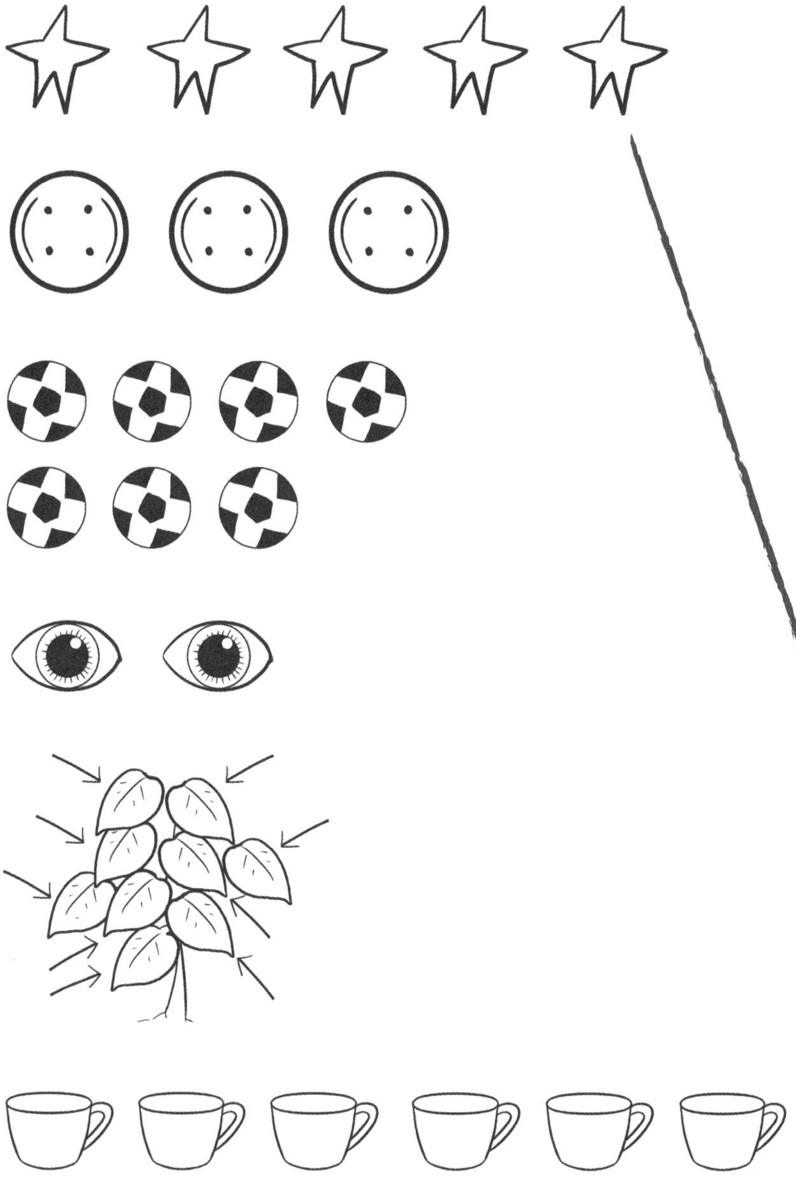

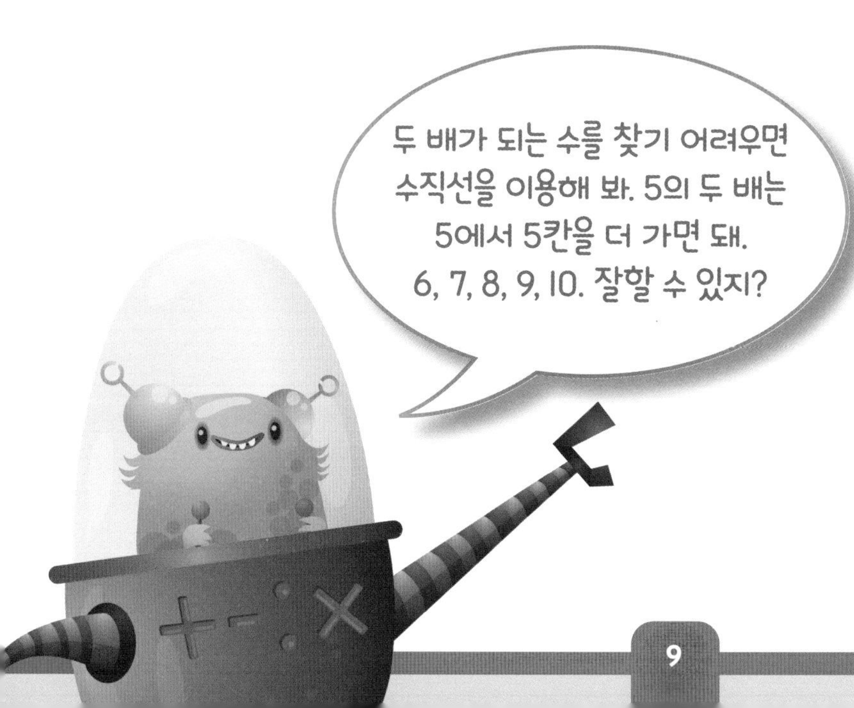

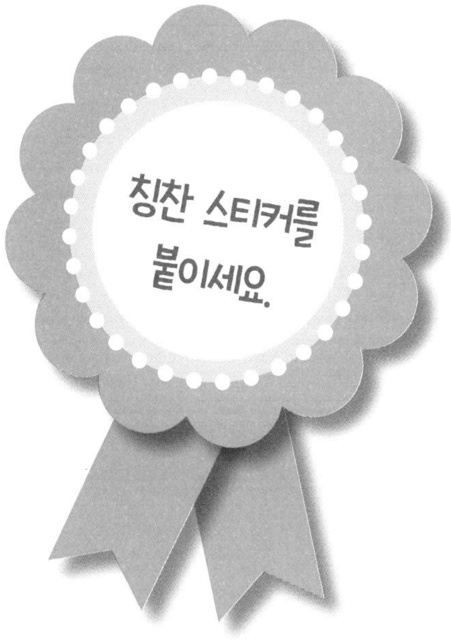

문제를 다 푼 다음, 32쪽으로!

들어가면 두 배가 되어 나오는 기계예요. 작은 하브들이 기계에 들어가면 몇이 되어 나올지 ▢ 안에 알맞은 수를 쓰세요.

6

작은 하브들 귀엽지?

잘했어!

칭찬 스티커를 붙이세요.

문제를 다 푼 다음, 32쪽으로!

두 배 게임

 둘이 짝을 지어 게임을 해요. 주사위를 굴려 나온 점의 수만큼 칸을 이동해요. 도착한 곳에 쓰여 있는 수의 두 배가 되는 수를 말해요. 만약 답을 말하면 그 자리에 멈추고, 말하지 못하면 한 칸 뒤로 이동해요. 먼저 도착하는 사람이 이기는 게임이에요.

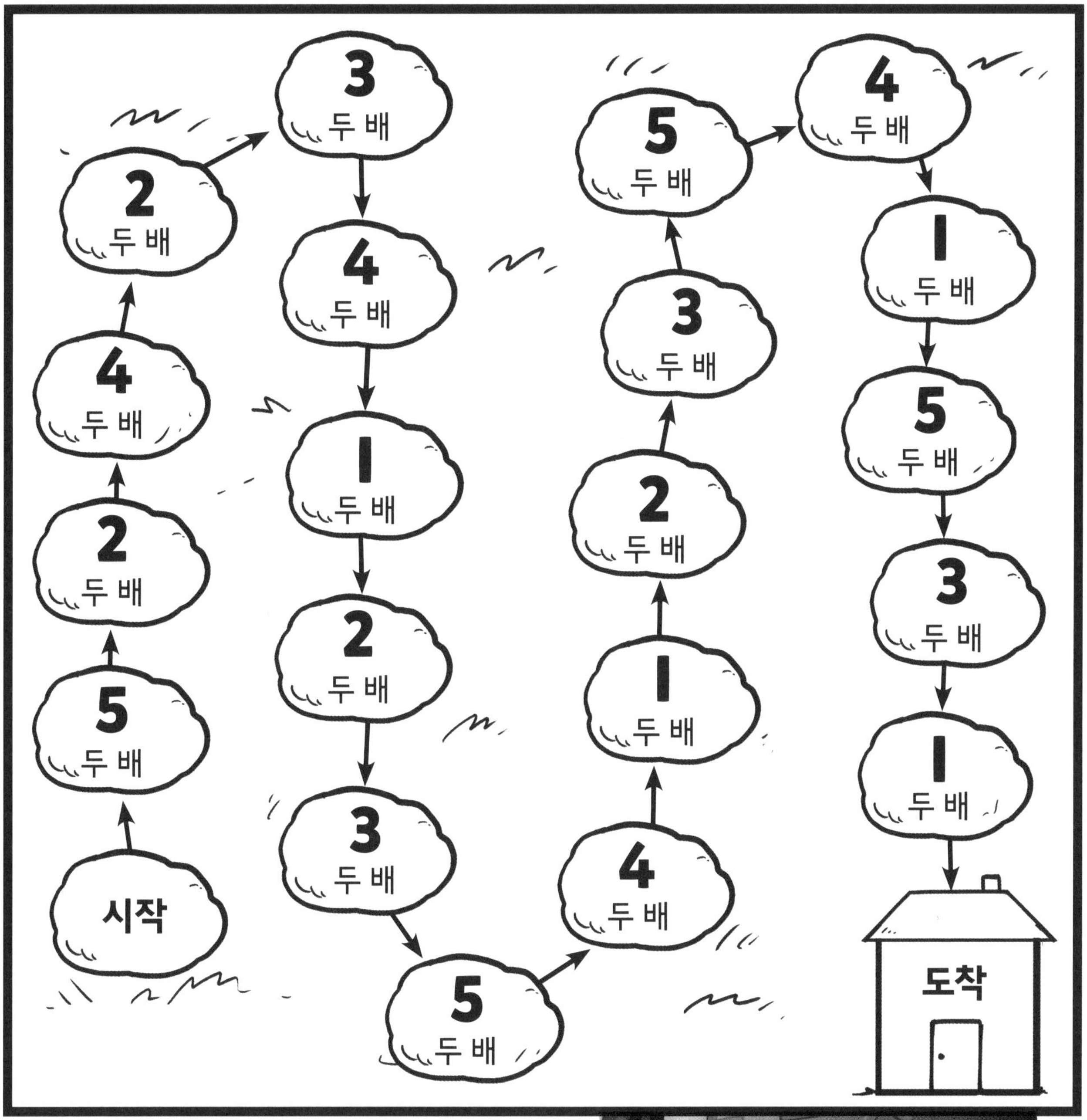

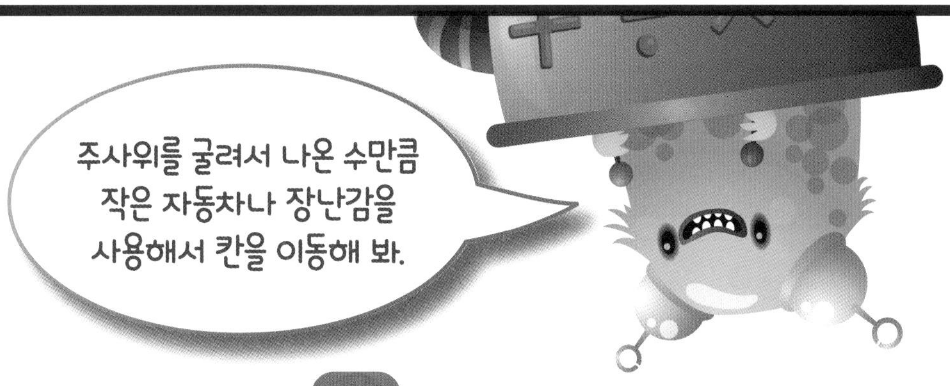

똑같이 반으로 나누기

 컵케이크를 반으로 나눈 수를 ☐ 안에 쓰세요.

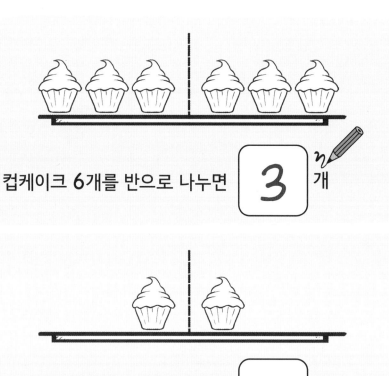

컵케이크 6개를 반으로 나누면 ☐3☐ 개

> 똑같이 반으로 나누면
> 양쪽의 수나 양이 같아.
> 컵케이크를 반으로 나눌 때
> 그림처럼 선을 그어서 양쪽의
> 수가 같은지 확인해 봐.

컵케이크 2개를 반으로 나누면 ☐ 개

컵케이크 4개를 반으로 나누면 ☐ 개

컵케이크 8개를 반으로 나누면 ☐ 개

양을 반쪽으로 나누어 그리고, 반으로 나눈 수를 ⬭ 안에 쓰세요.

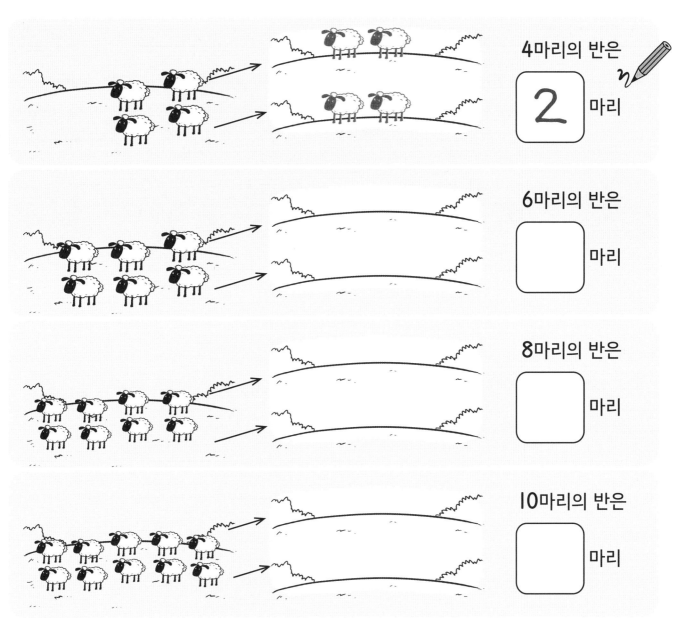

4마리의 반은

2 마리

6마리의 반은

⬭ 마리

8마리의 반은

⬭ 마리

10마리의 반은

⬭ 마리

 ## 반으로 나누며 놀기

작은 구슬이나 미니 자동차를 모아 놓은 다음, 반으로 나누어 보세요.
반으로 나눈 수가 같은지 확인해 보세요.

색종이를 반으로 접은 다음, 가위로 잘라 보세요.
반으로 자른 색종이 조각을 겹쳐서 모양이 같은지 확인해 보세요.

컵 10개, 접시 8개, 포크 6개로 식탁 차리기 놀이를 해 보세요.
식탁의 양쪽에 컵, 접시, 포크를 반으로 나누어 놓아 보세요.

칭찬 스티커를 붙이세요.

케이크와 초를 반으로 나눈 스티커를 붙이고, 반으로 나눈
초의 수를 세어 ☐ 안에 쓰세요.

촛불을 끄고
케이크를 반으로
나눠 먹자.

8개의 반은 4 개

4개의 반은 ☐ 개

10개의 반은 ☐ 개

6개의 반은 ☐ 개

잘했어!

칭찬 스티커를
붙이세요.

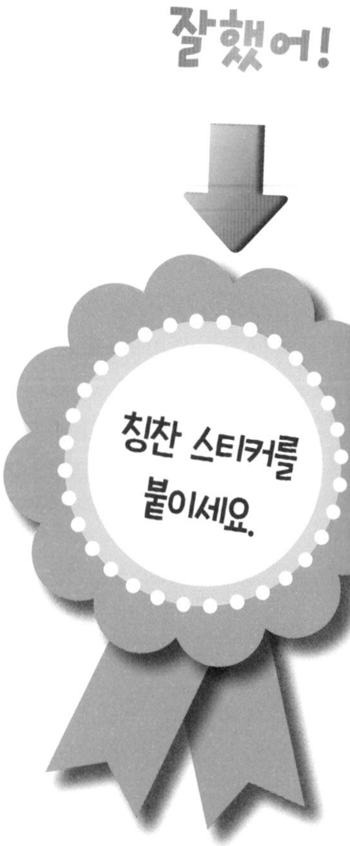

문제를 다 푼 다음, 32쪽으로!

달걀을 두 바구니에 똑같이 나누어 그리고,
반으로 나눈 수를 ☐ 안에 쓰세요.

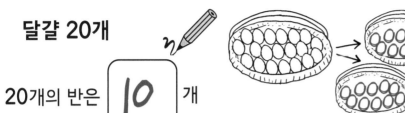

달걀 20개

20개의 반은 [10] 개

10은 20의 반이야.
10을 두 번 더하면 20이
되기 때문이지.

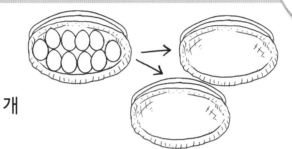

달걀 10개

10개의 반은 [ ] 개

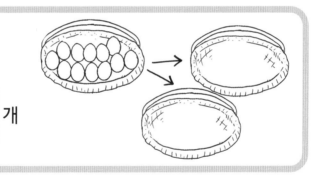

달걀 12개

12개의 반은 [ ] 개

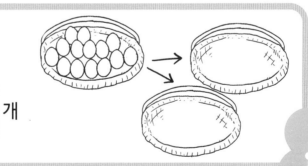

달걀 14개

14개의 반은 [ ] 개

칭찬 스티커를
붙이세요.

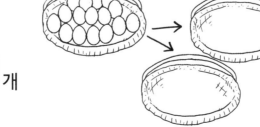

달걀 16개

16개의 반은 [ ] 개

문제를 다 푼 다음, 32쪽으로!

두 배 만들기, 반으로 나누기

 연필의 수를 세어서 두 배가 되는 수만큼 연필을 그리고, 다시 반으로 나눈 수만큼 연필을 그리세요. ⬭ 안에는 알맞은 연필의 수를 쓰세요.

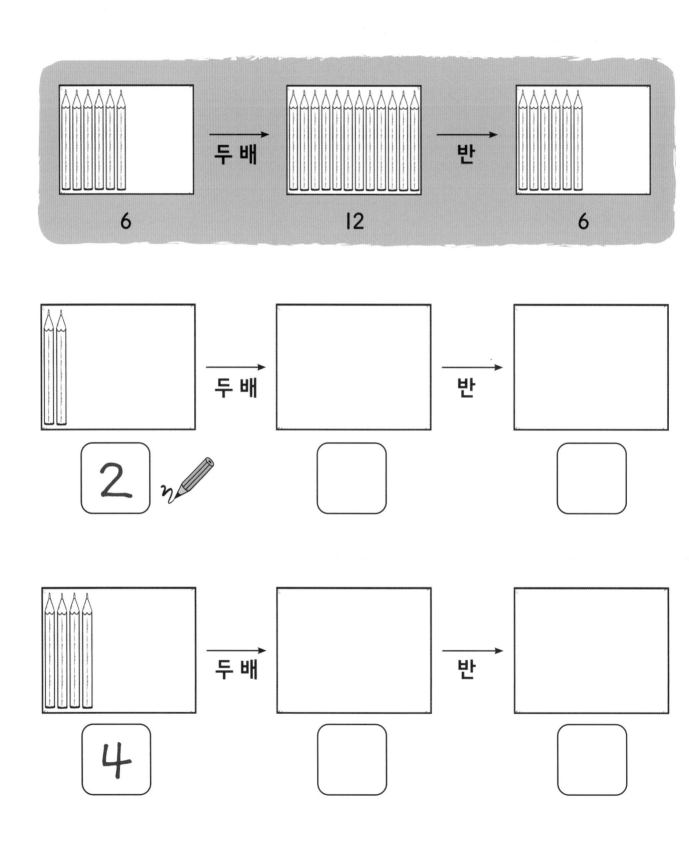

두 배

반

6

12

6

두 배

반

2 ✏

두 배

반

4

도미노 양쪽 점의 수를 세어 보고, 수가 두 배인 쪽은 빨간색으로,
수가 반인 쪽은 파란색으로 칠하세요.

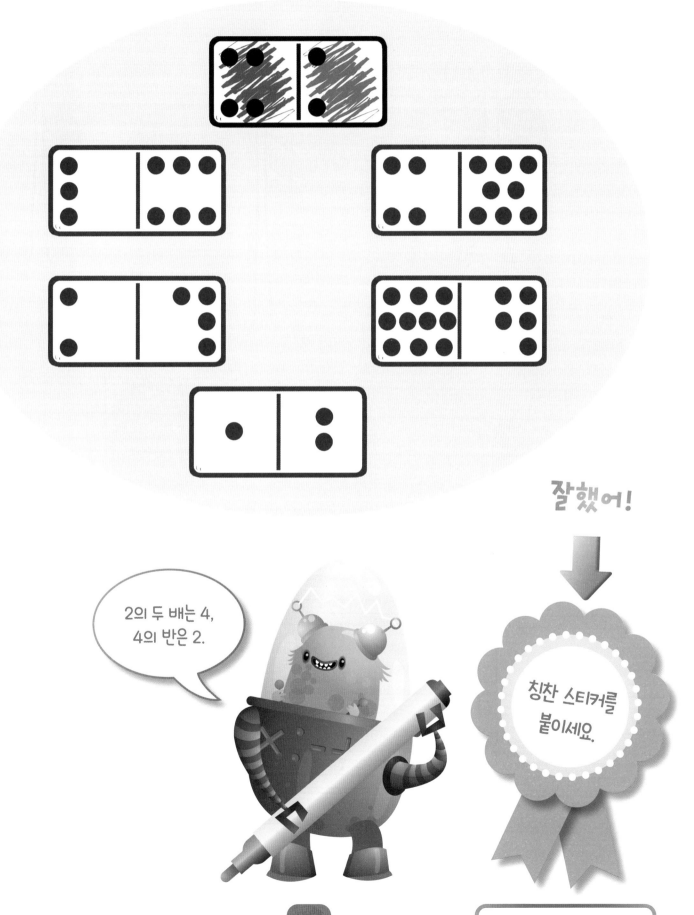

2의 두 배는 4,
4의 반은 2.

잘했어!

칭찬 스티커를
붙이세요.

문제를 다 푼 다음, 32쪽으로!

빨간색 나뭇잎 반대편에는 수가 두 배가 되도록 잎을 그리고,
초록색 나뭇잎 반대편에는 수가 반이 되도록 잎을 그리세요.

문제를 다 푼 다음, 32쪽으로!

칭찬 스티커를
붙이세요.

반으로 나누기 게임

둘이 짝을 지어 게임을 해요.
주사위를 굴려 나온 점의 수만큼 칸을 이동해요.
도착한 곳에 쓰여 있는 수의 반이 되는 수를 말해요.
만약 답을 말하면 그 자리에 멈추고, 말하지 못하면
한 칸 뒤로 이동해요. 먼저 도착하는
사람이 이기는 게임이에요.

작은 자동차나 장난감을 말로
사용해서 칸을 이동해 봐.

똑같이 둘로 나누기

 두 아이가 똑같이 나누어 가질 수 있도록 각각의 빈칸에 알맞은 수의
태양 스티커를 붙이세요.

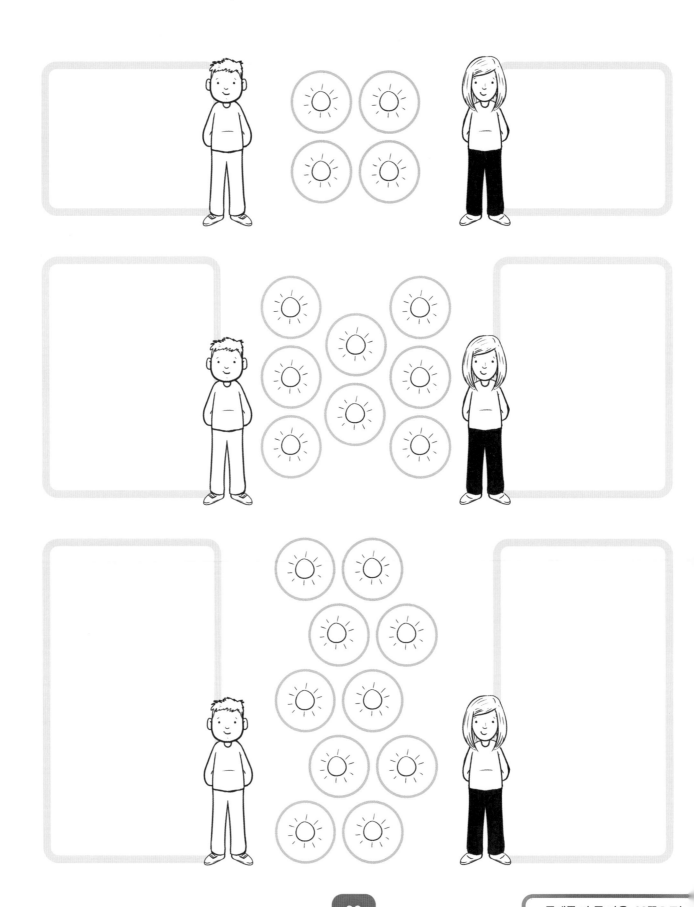

문제를 다 푼 다음, 32쪽으로!

구슬을 반으로 나누어 각각의 줄에 그리고, 반으로 나눈 수를
◯ 안에 쓰세요.

7

난 둘로 똑같이
나누는 걸 좋아해.

칭찬 스티커를
붙이세요.

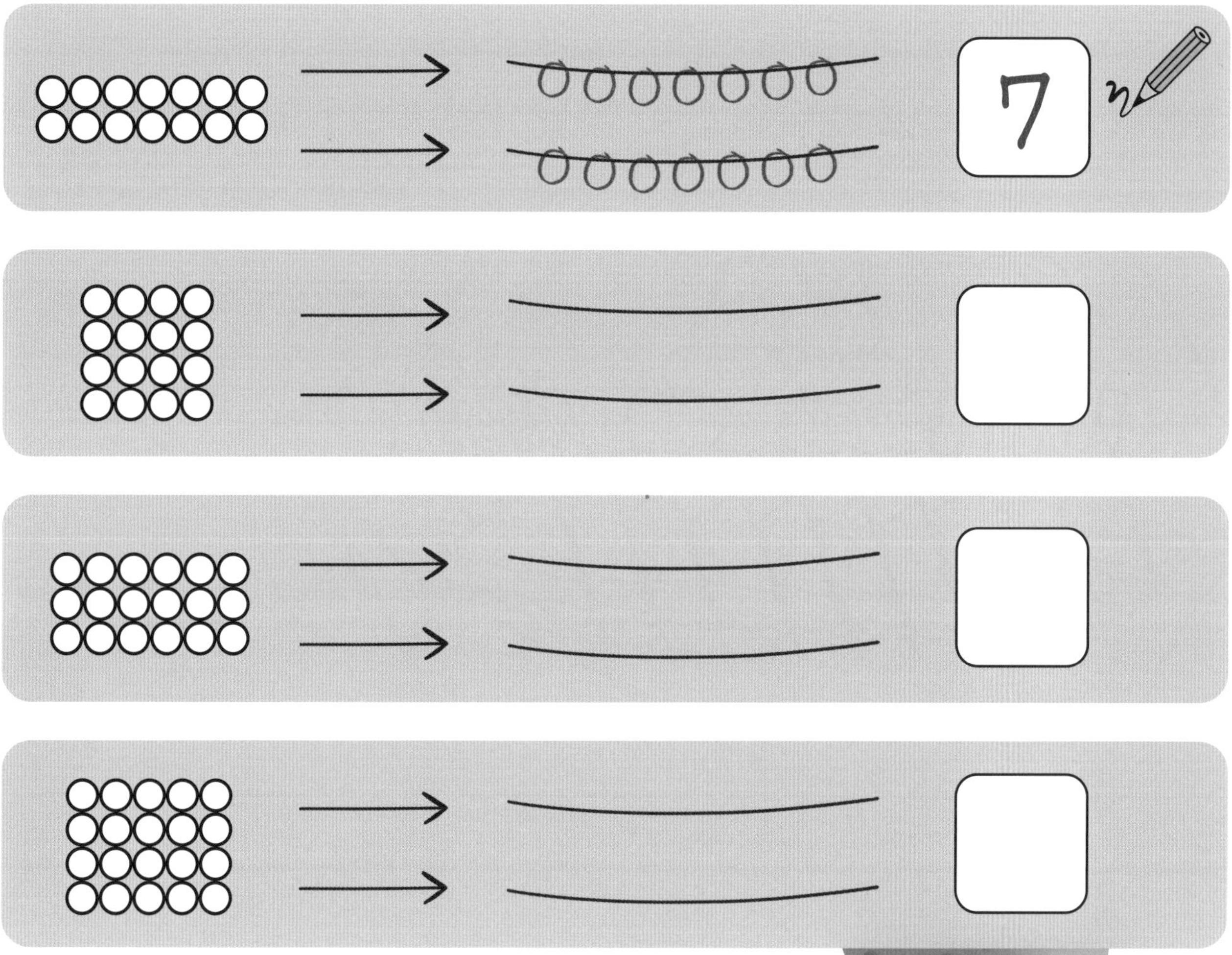

두 배 만들기, 반으로 나누기 놀이

놀이터나 공원에 가서 나뭇잎이 달린 나뭇가지를 찾아보세요.
나뭇잎의 수를 세어 보고, 두 배가 되는 수를 말해 보세요. 또 두 배가 되는
수만큼 나뭇잎이 달린 다른 나뭇가지를 찾아보세요.

컵 8개, 접시 10개, 숟가락 12개를 가져와서 식탁의 양쪽에 똑같이
나누어 놓아 보세요.
한쪽에 놓여 있는 컵, 접시, 숟가락의 수를 세어서 말해 보세요.

바구니에 담긴 각각의 음식을 2개의 접시에 똑같이 나누어 담으려고
해요. 접시 하나에 음식을 몇 개씩 담을 수 있을지 수에 알맞은 음식
스티커를 붙이세요.

바구니 안에 있는
음식 수를 세어 봐.
샌드위치는 10개, 토마토는 16개야.
각각을 두 접시에 똑같이 나누어서
담으려고 해.

5 ⬭   8 ⬭

3 ⬭   4 ⬭

칭찬 스티커를
붙이세요.

문제를 다 푼 다음, 32쪽으로!

똑같이 넷으로 나누기

 4개의 화분에 씨앗을 똑같이 나누어 그리세요.

 각 화분에 심을 씨앗의 수를 ☐ 안에 쓰세요.

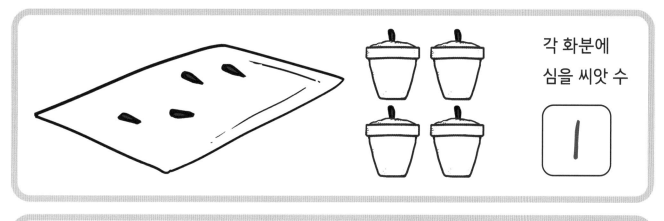

각 화분에
심을 씨앗 수

1

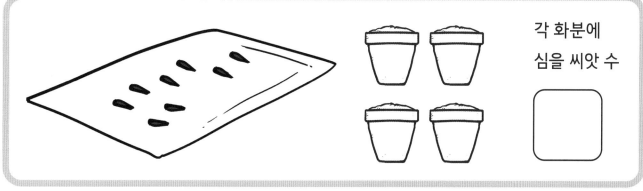

각 화분에
심을 씨앗 수

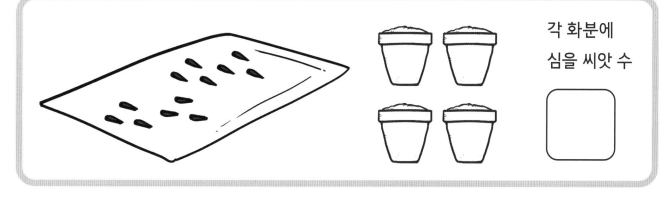

각 화분에
심을 씨앗 수

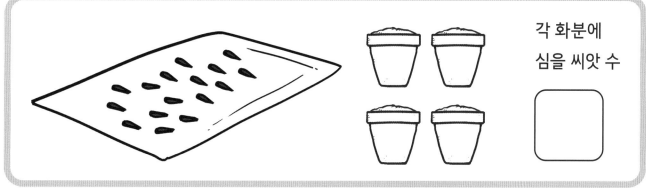

각 화분에
심을 씨앗 수

사탕을 똑같이 넷으로 나눠서 묶으세요.

 하브 넷이 똑같이 나누어 가질 수 있는 사탕의 수를 ◯ 안에 각각 쓰세요.

똑같이 셋으로 나누기

 주어진 선으로 만들 수 있는 삼각형을 빈칸에 그리고, 삼각형의 수를 ◯ 안에 쓰세요.

 삼각형은 세 변으로 이루어진 도형이야.

3개의 선

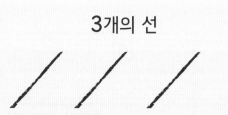

1

6개의 선

9개의 선

12개의 선

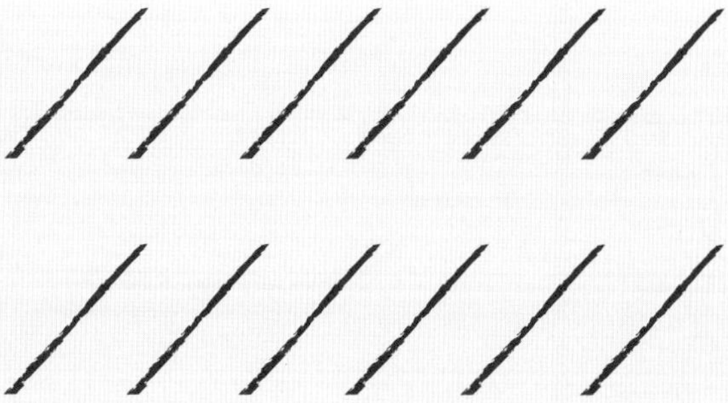

물고기를 똑같이 셋으로 나누어
어항에 각각 그리세요.

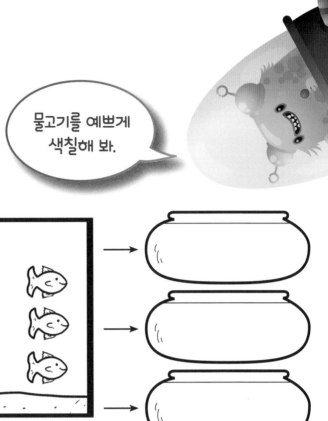
물고기를 예쁘게 색칠해 봐.

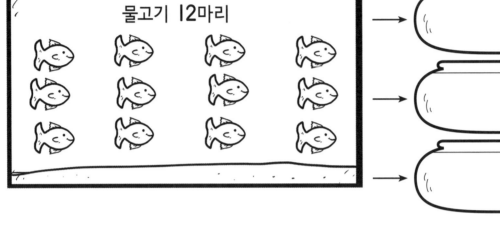
물고기 12마리

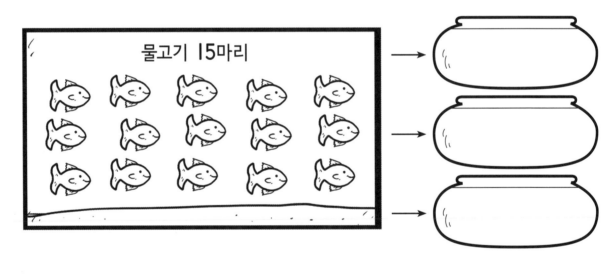
물고기 15마리

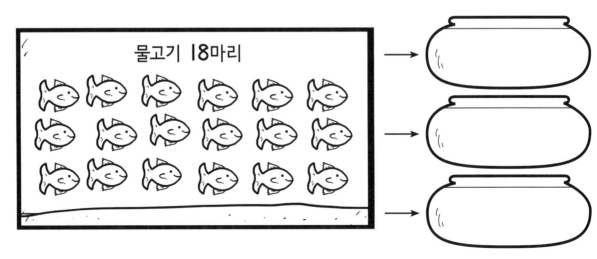
물고기 18마리

똑같이 다섯으로 나누기

별을 똑같이 다섯으로 나누어 깃발에 각각 그리고, 각 깃발에 그려진
별의 수를 ⬜ 안에 쓰세요.

각 깃발에 그려진 별의 수 ⬜ 개

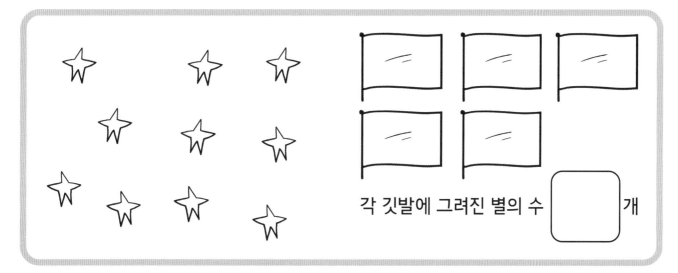

각 깃발에 그려진 별의 수 ⬜ 개

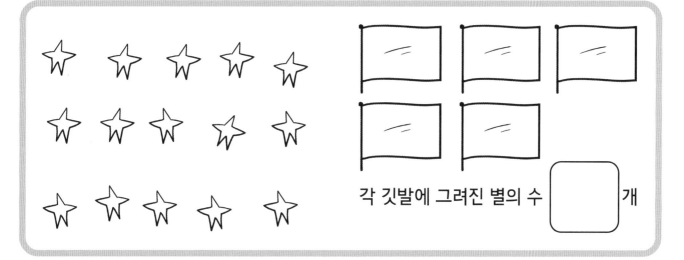

각 깃발에 그려진 별의 수 ⬜ 개

문제를 다 푼 다음, 32쪽으로!

똑같이 나누고 남은 수 알기

 2개의 바구니에 양말을 똑같이 나누어 그리세요.

 각 바구니에 똑같이 나누어 담은 양말의 수와
남은 양말의 수를 ◯ 안에 쓰세요.

똑같이 둘로
나누어지지 않는 것도 있어.

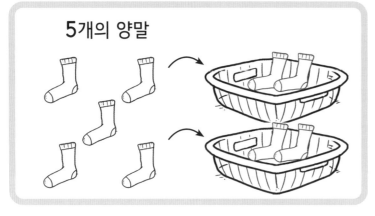

5개의 양말

각 바구니 안의 양말 **2** 개

남은 양말 **l** 개

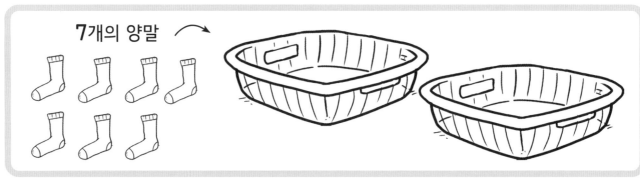

7개의 양말

각 바구니 안의 양말 ☐ 개   남은 양말 ☐ 개

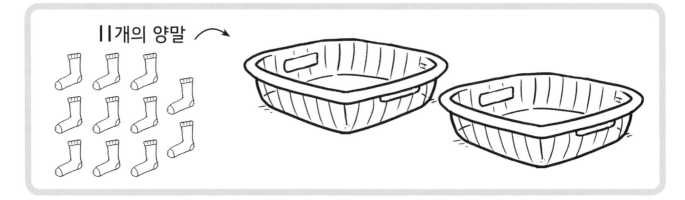

ll개의 양말

각 바구니 안의 양말 ☐ 개   남은 양말 ☐ 개

3개의 양동이에 조개껍데기를 똑같이 나누어 그리세요.

 각 양동이에 똑같이 나누어 담은 조개껍데기의 수와 남은 조개껍데기의 수를 ⬭ 안에 쓰세요.

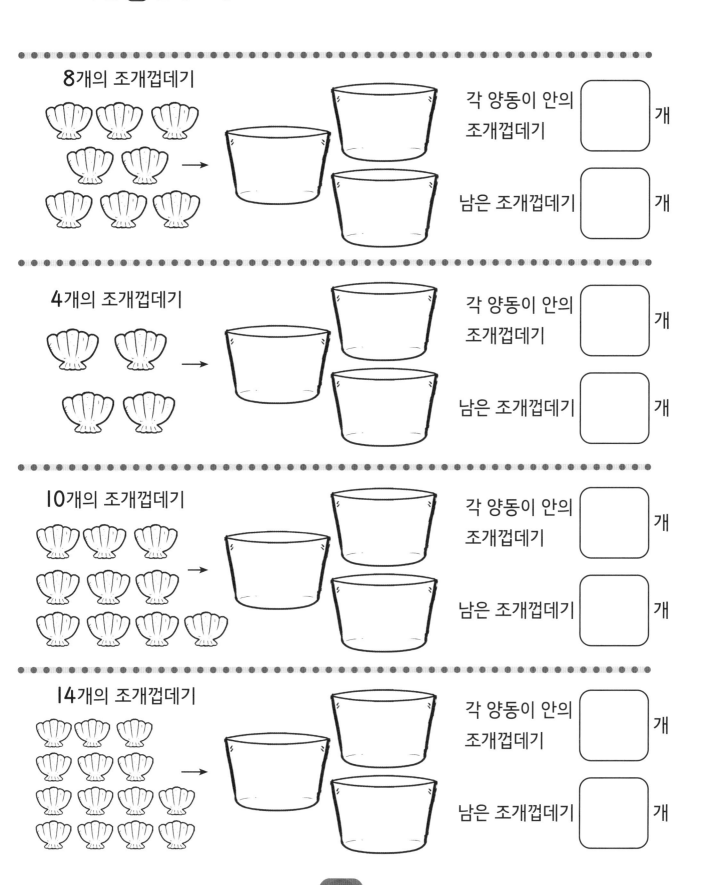

8개의 조개껍데기

→

각 양동이 안의 조개껍데기 ⬭ 개

남은 조개껍데기 ⬭ 개

4개의 조개껍데기

→

각 양동이 안의 조개껍데기 ⬭ 개

남은 조개껍데기 ⬭ 개

10개의 조개껍데기

→

각 양동이 안의 조개껍데기 ⬭ 개

남은 조개껍데기 ⬭ 개

14개의 조개껍데기

→

각 양동이 안의 조개껍데기 ⬭ 개

남은 조개껍데기 ⬭ 개

4개의 도로에 자동차를 똑같이 나누어 그리세요.

 각 도로 위에 똑같이 나누어 그린 자동차의 수와 남은 자동차의 수를 ⬭ 안에 쓰세요.

10대의 자동차 →＿＿＿＿＿＿＿

→＿＿＿＿＿＿＿

→＿＿＿＿＿＿＿

→＿＿＿＿＿＿＿

각 도로 위의 자동차 ⬜ 대

남은 자동차 ⬜ 대

15대의 자동차 →＿＿＿＿＿＿＿

→＿＿＿＿＿＿＿

→＿＿＿＿＿＿＿

각 도로 위의 자동차 ⬜ 대

남은 자동차 ⬜ 대

19대의 자동차 →＿＿＿＿＿＿＿

→＿＿＿＿＿＿＿

→＿＿＿＿＿＿＿

각 도로 위의 자동차 ⬜ 대

남은 자동차 ⬜ 대

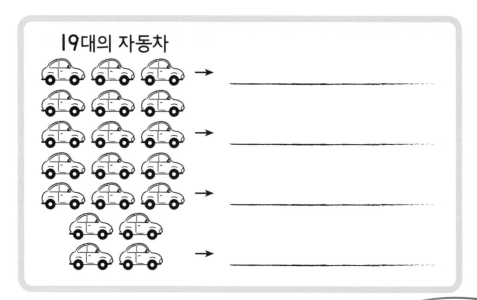

자동차를 똑같은 수 넷으로 나눠서 묶어 봐.

여러 가지 묶음으로 나누기

 각각의 사물을 똑같이 나누어 그리고,
나누어 얻은 수를 ◯ 안에 쓰세요.

똑같이 나누어 그리기 전에
먼저 그림을 똑같은 수가
되도록 묶어 봐.

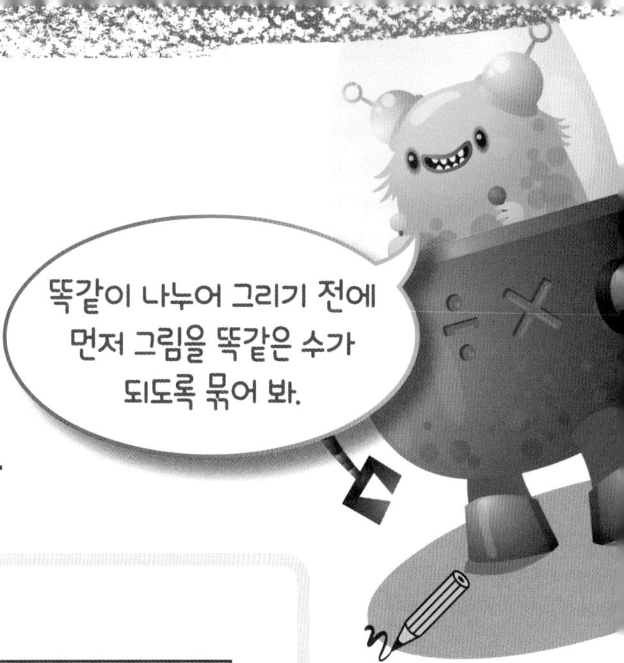

2개의 테이블에 8개의 컵을 똑같이 나누어 그리세요.
각 테이블에 있는 컵의 수를 세어 ◯ 안에 쓰세요.

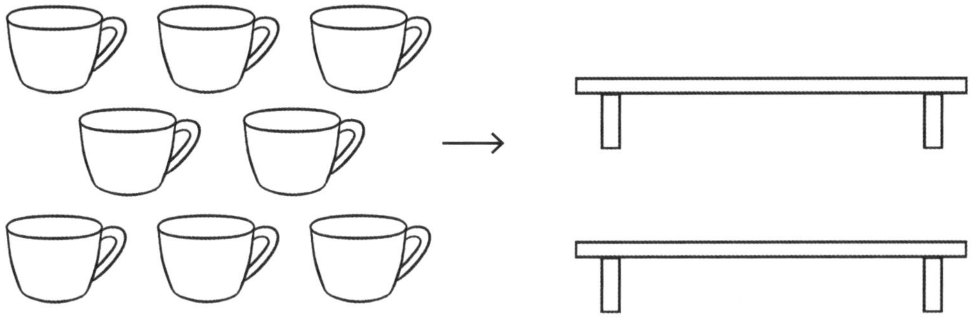

3개의 선반에 15권의 책을 똑같이 나누어 그리세요.
각 선반에 있는 책의 수를 세어 ◯ 안에 쓰세요.

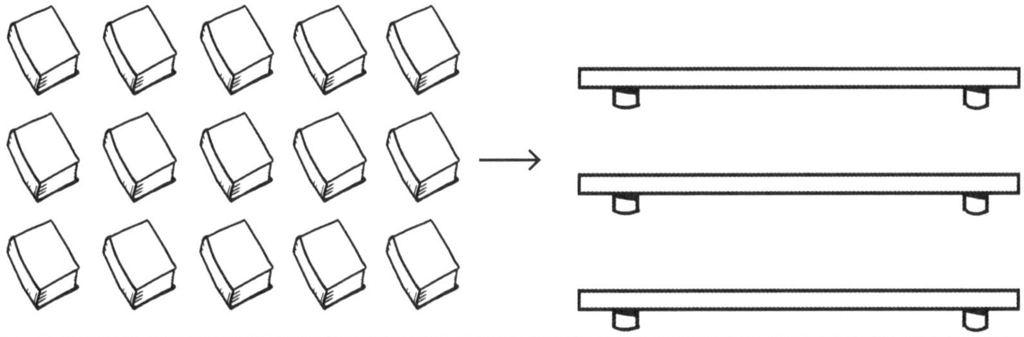

4개의 손에 20개의 조약돌을 똑같이 나누어 그리세요.
각 손에 있는 조약돌의 수를 세어 ◯ 안에 쓰세요.

칭찬 스티커를
붙이세요.

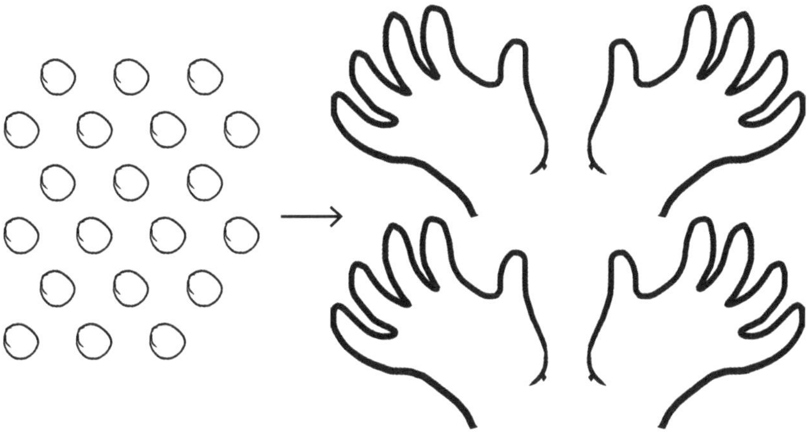

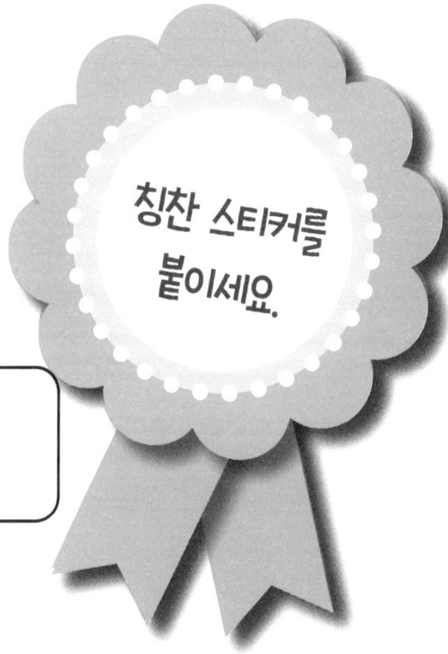

문제를 다 푼 다음, 32쪽으로!

나의 실력 점검표

 얼굴에 색칠하세요.

쪽	나의 실력은?	스스로 점검해요!		
2~3	1부터 6까지 두 배가 되는 수를 알아요.	😊	😐	😟
4~5	똑같은 수만큼 그림을 그려서 두 배가 되는 수를 알아요.	😊	😐	😟
6~7	수직선을 이용해서 두 배가 되는 수를 찾을 수 있어요.	😊	😐	😟
8~9	1부터 9까지 두 배가 되는 수를 찾을 수 있어요.	😊	😐	😟
10	1부터 9까지 두 배가 되는 수를 예측하여 말할 수 있어요.	😊	😐	😟
12~14	10보다 작은 수 범위에서 똑같은 수 두 묶음으로 나눌 수 있어요.	😊	😐	😟
15	20까지의 수 범위에서 똑같은 수 두 묶음으로 나눌 수 있어요.	😊	😐	😟
16~17	20까지의 수 범위에서 두 배가 되는 수와 반으로 나눈 수를 알고, 그 수만큼 그림을 그릴 수 있어요.	😊	😐	😟
18	20까지의 수 범위에서 두 배가 되는 수와 반으로 나눈 수를 짝 지을 수 있어요.	😊	😐	😟
20	10까지의 수 범위에서 둘로 똑같이 나눌 수 있어요.	😊	😐	😟
21~22	20까지의 수 범위에서 둘로 똑같이 나눌 수 있어요.	😊	😐	😟
23~27	20까지의 수 범위에서 둘, 셋, 넷, 다섯으로 똑같이 나눌 수 있어요.	😊	😐	😟
28~31	똑같이 둘, 셋, 넷으로 나누고 남은 수를 알 수 있어요.	😊	😐	😟

나와 함께 한 공부 어땠어?

정답

2~3쪽

4~5쪽
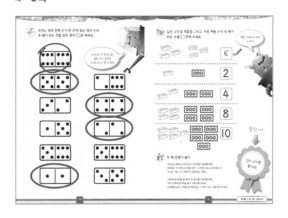

6~7쪽
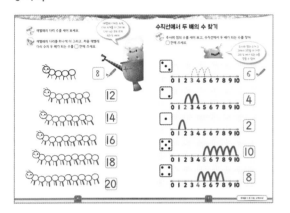

8~9쪽
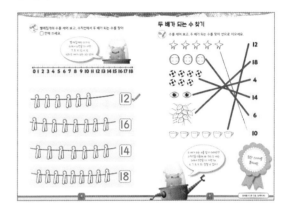

10~11쪽
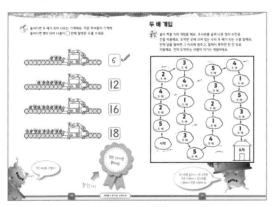

12~13쪽
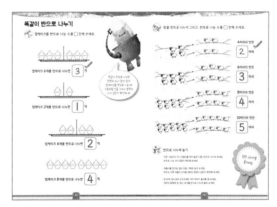

14~15쪽
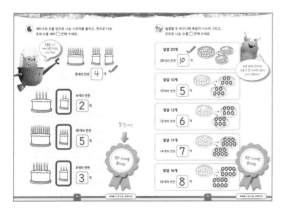

16~17쪽
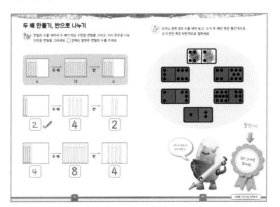

18~19쪽

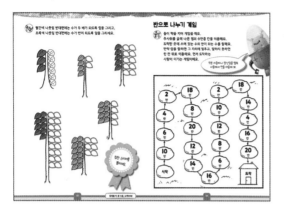

20~21쪽

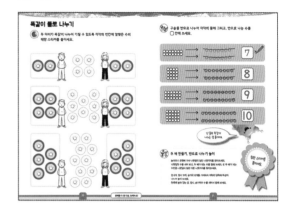

22~23쪽

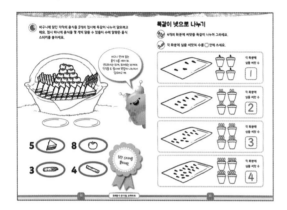

24~25쪽

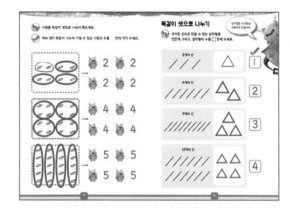

26~27쪽

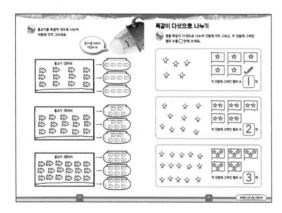

28~29쪽

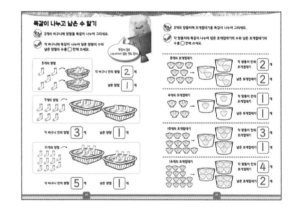

30~31쪽

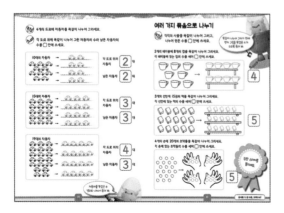

런런 옥스퍼드 수학

2-4 곱셈과 나눗셈의 기초

초판 1쇄 발행 2022년 12월 6일 **초판 3쇄 발행** 2024년 1월 29일
글·그림 옥스퍼드 대학교 출판부 **옮김** 상상오름
발행인 이봉주 **편집장** 안경숙 **편집 관리** 윤정원 **편집 및 디자인** 상상오름
마케팅 정지운, 박현아, 원숙영, 신희용, 김지윤, 황지영 **국제업무** 장민경, 오지나 **제작** 신홍섭
펴낸곳 (주)웅진씽크빅
주소 경기도 파주시 회동길 20 (우)10881
문의전화 031)956-7403(편집), 031)956-7069, 7569, 7570(마케팅)
홈페이지 www.wjjunior.co.kr **블로그** blog.naver.com/wj_junior **페이스북** facebook.com/wjbook
트위터 @new_wjjr **인스타그램** @woongjin_junior
출판신고 1980년 3월 29일 제406-2007-00046호
원제 PROGRESS WITH OXFORD: MATH
한국어판 출판권 ⓒ(주)웅진씽크빅, 2022 **제조국** 대한민국

잘못 만들어진 책은 바꾸어 드립니다.
주의 1. 책 모서리가 날카로워 다칠 수 있으니 사람을 향해 던지거나 떨어뜨리지 마십시오.
　　 2. 보관 시 직사광선이나 습기 찬 곳은 피해 주십시오.